LICHENS

DES

ENVIRONS DE CHATEAU-THIERRY.

LICHENS

DES

ENVIRONS DE CHATEAU-THIERRY

(AISNE)

LE TRANSFORMISME CONDAMNÉ PAR LES LICHENS
AUSSI BIEN QUE PAR TOUTES LES AUTRES PLANTES

PAR

T.-P. BRISSON, de Lenharrée (Marne)

Domini est terra, et plenitudo ejus.
Ps. 23.

EXTRAIT DES MÉMOIRES DE LA SOCIÉTÉ D'AGRICULTURE,
COMMERCE, SCIENCES ET ARTS DU DÉPARTEMENT DE LA MARNE,
ANNÉE 1879-1880.

CHEZ L'AUTEUR
RUE TITON, 33, A CHALONS-SUR-MARNE.

1880.

LICHENS [1]

DES

ENVIRONS DE CHATEAU-THIERRY

PAR

T.-P. BRISSON, DE LENHARRÉE (MARNE).

INTRODUCTION.

> Quand on considère attentivement les ouvrages du Créateur, on éprouve un frissonnement d'admiration ineffable.
>
> SAINT AUGUSTIN, *De Gen. ad litt.*, v. 22.

Nos voyages d'agrément à Château-Thierry nous ont permis de faire des excursions lichénographiques dans les environs. Nous avons passé plus d'une fois la journée entière au sommet des coteaux qui enserrent la Marne et la ville de leurs gracieux et frais contours, livré tout entier, au milieu des roches de grès, à nos études de prédilection. La première fois que le naturaliste aperçoit l'un de ces rochers énormes, il est ravi de la quantité de Lichens qui en émaillent la surface : c'est comme une mosaïque où s'étalent les plus vives couleurs,

(1) Le mot *Lichen* vient d'un mot grec (Leichen), qui servait à désigner une sorte de *dartre*; il a été imposé à ces plantes, parce que, comme Pline l'assure, elles étaient un remède efficace pour guérir cette maladie (*Liv.* 26, *c.* 1 et 3).

depuis les tons éclatants de l'or et du minium jusqu'à l'ébène le plus pur. Il y a là toute une population d'une physionomie charmante (1).

Pour faire l'énumération des Lichens que nous avons récoltés dans ces contrées, il nous a fallu les revoir avec soin, et ce n'est pas sans une certaine émotion, sans une véritable joie que nous en avons passé une revue générale qui nous rappelait avec ces courses lointaines, tant de fatigues et d'aimables surprises.

Nous croyons être le premier qui ait fait des recherches lichénographiques dans cette partie du département de l'Aisne; mais un savant botaniste, M. Déy, ancien directeur des domaines, a depuis quelque temps fixé sa résidence à Château-Thierry et, malgré son âge, a parcouru déjà et pourra parcourir encore toutes ces contrées. Ce savant a découvert plusieurs espèces rares offertes comme nouvelles à notre future flore de la Champagne, et les renseignements qu'il nous a communiqués sur les résultats de ses explorations nous ont permis de donner, dans cette énumération des Lichens que nous avons recueillis, une indication précise et exacte des stations et des localités. Que M. Déy reçoive ici, au nom de la science, l'expression de notre vive gratitude.

(1) Nous ferons remarquer que, dans ces contrées, les grès sont exploités et convertis en pavés; ce qui disparait chaque année de la surface du sol est considérable, et il arrivera certainement que certaines espèces, spécialement confinées, disparaitront tout à fait. C'est ainsi que l'*Heppia lutosa*, que nous avons trouvé en 1872, a déjà disparu.

PRÉLIMINAIRES.

Géologiquement, les environs de Château-Thierry ont pour première assise les calcaires de la période secondaire, sur lesquels se sont stratifiés des sables blancs et des grès de la période tertiaire. A ce point, la mer s'est retirée, l'époque quaternaire s'est ouverte, les courants diluviens ont creusé nos vallées et répandu sur leur passage, en quantité considérable, les détritus meubles arrachés par eux aux lieux culminants. La surface plane des coteaux et leurs principaux contreforts ont retenu une partie de ces détritus dont la décomposition a constitué le *loess* ou argile diluvienne qui les recouvre aujourd'hui. Ces sommets s'élèvent de 200 à 230 mètres au-dessus du niveau de la mer. C'est un vaste champ offert à la recherche des Lichens *terricoles*. La débâcle ne s'est pas arrêtée là. Sur beaucoup de points, les courants ont mis à nu, poussé, disséminé les sables, et avec eux les grès qu'ils contenaient, sur les flancs des coteaux où ils se sont arrêtés à quelques obstacles, ou dans le lit des torrents où ils se sont entassés en désordre. Ces grès sont pour les études lichénographiques d'une richesse pour ainsi dire inépuisable. On y rencontre en abondance précisément les espèces qui sont les plus rares dans le département de la Marne, notamment les Parmelia *olivacea* var. *prolixa*, *Pannaria lutosa*, *Lecanora variabilis*, *L. vitellina*, *L. erytrella*, *L. hæmatomma*, *L. gibbosa*, *L. subcarnea*, *L. sul-*

furea, *L. atrocinerea*, *L. cervina* var. *rufescens*, *Urceolaria actinostoma*, *Lecidea montagnei*, *L. vernalis*, *L. lenticularis*, *Verrucaria glaucina*, *Endocarpon miniatum*, etc. La couche calcaire, souvent attaquée et dénudée elle-même, s'est revêtue également d'espèces *saxicoles* intéressantes quoique moins nombreuses. Quand aux espèces *corticoles*, leur ubiquité les recommande moins à l'attention des lichénographes.

On sait que les Lichens tirent toute leur nutrition de l'atmosphère et de l'eau de pluie qui, agissant sur les éléments des différentes surfaces où ils sont fixés, leur apportent, à l'état de solutions fort complexes, les substances nécessaires à leur mode de vie. Cela est si vrai que la plupart des Lichens n'ont qu'une existence intermittente qui s'arrête pendant les grandes sécheresses et renaît pendant les temps humides ou les pluies (1).

Nous citerons à l'appui de cette observation un spécimen du *Parmelia perlata* végétant depuis quatre ans environ sur une pièce de bois recouverte d'une triple couche de peinture. Or la troisième ou dernière couche étant de couleur verte contient des éléments chimiques de nature à détruire complètement ce Lichen s'il y puisait la moindre nourriture. Mais depuis sa naissance nous lui avons souvent fait visite et nous ne nous sommes jamais aperçu que ce petit être ait souffert de son support. Il parait même arrivé à son plus haut degré de développement (15 à 20 cent. de diamètre) dans un état de santé parfaite. C'est une preuve parmi beaucoup d'autres que les Lichens ne tirent aucune

(1) Les Lichens aiment à vivre dans un air pur, chargé d'une humidité fréquemment renouvelée. Ils constituent, pour ainsi dire, le criterium de la salubrité des contrées qu'ils habitent. Voyez *Cryptogames cellulaires comparés à une nation*, 1879, par T.-P. Brisson.

nourriture de leur substratum par les rhizines ou par l'hypothalle. Aussi il nous paraît impossible, dans l'état actuel de la science, d'appliquer aux Lichens la théorie si savante et si vraie de M. le professeur Contejean, pour prouver l'influence du terrain sur la végétation des plantes vasculaires. Mais ceci n'exclut pas, pour les Lichens, l'idée de préférence très-marquée et incontestable de leur *substratum*.

* *
*

Cette prédilection des Lichens pour certains supports frappe le naturaliste quand il passe d'un terrain minéralogique à un autre ; d'un terrain calcaire, par exemple, à un terrain siliceux, *et vice versa* (1). Il est donc certain que les Lichens ont une préférence plus ou moins grande pour un substratum déterminé, même ceux qui paraissent être indifférents. Et il est probable que leur inconstance, pour le *substratum* que la nature semble leur avoir assigné, ne serait qu'un accident : les causes en sont multiples, par exemple les spores transportées dans l'air en quantité considérable, etc., etc. C'est ce qui fait que le Lichen calcicole, végétant par accident sur un substratum siliceux très-dur, vit moins longtemps que sur celui qui lui est propre. Et c'est ce qui fait aussi qu'on ne rencontre jamais les espèces types silicicoles sur les substratums des espèces calcicoles tendres. Elles peuvent y germer, mais les hyphes sont à peine développées qu'elles périssent, et si par hasard ce Lichen y végète, ce n'est souvent que sous une forme dégradée, de croûte lichénoïde qui ne permet pas toujours au botaniste de reconnaître l'espèce.

(1) Nous ferons remarquer en passant que cette différence de composition minéralogique diffère aussi par la *dureté* ou *solidité*.

En 1873, M. le docteur Wedell a émis l'opinion qu'on pourrait diviser les Lichens saxicoles en cinq catégories : 1° *Lichens silicicoles*, 2° *Lichens silicicoles calcifuges* (1), 3° *Lichens calcivores*, 4° *Lichens calcicoles*, 5° *Lichens omnicoles*, en s'appuyant sur la constitution chimique ou minéralogique du substratum.

Parmi ces catégories, il n'y a que la troisième qui soit vraie (*Lichens calcivores*) ; quant aux autres, elles ne sont pas admissibles, attendu que la préférence des Lichens pour tel ou tel substratum ne tient pas seulement à la composition chimique ou minéralogique, mais aussi à la dureté ou solidité de ce support. Par exemple il y a des roches calcaires dures et tendres, comme il y a des grès durs et tendres ; c'est ce qui fait que certaines espèces végètent indifféremment sur l'une ou l'autre de ces roches, pourvu qu'elles y trouvent la dureté ou solidité qui convient à la nature de l'espèce.

Le Dr Wedell dit, à la quatrième catégorie de son hypothèse, « que les espèces *calcicoles* ont pour le calcaire une prédilection si exclusive, qu'elles ne peuvent vivre sur aucun autre substratum. » Il cite par exemple le Lecanora teicholyta, mais rien n'est plus faux que cette observation, attendu que le Lichen en question est très-commun sur les pierres ou roches siliceuses, et montre par là ses préférences pour la dureté ou la solidité plutôt que par la composition chimique ou minéralogique du substratum. Il est constaté d'ailleurs que si cette espèce végète sur une roche calcaire tendre, le thalle devient épais-farineux, dépourvu souvent d'apothécies, de plus cette plante vit peu de temps sur ce support ; tandis que

(1) Cet auteur appelle Lichens *silicicoles calcifuges* les espèces silicicoles qui, selon lui, végètent au même titre sur les écorces.

si elle végète sur une roche très-dure, par exemple le silex, c'est le contraire qui existe, les apothécies seules végètent, le thalle faisant presque toujours défaut.

Un minéral trop dur ou trop tendre est donc impropre à servir de support pour le parfait développement du Lecanora teicholyta, aussi la fréquence de ces accidents chez un grand nombre de ces êtres fait que les Lichens sont les plantes les plus polymorphes du règne végétal. Ce sont ces faits, parmi beaucoup d'autres, qui prouvent l'impossibilité d'établir les catégories proposées par M. Wedell.

Cette préférence des Lichens pour tel ou tel substratum tient donc à la nature de l'espèce qui se reconnait principalement à la durée du développement de la plante. Aussi, d'après la nature plus ou moins dure ou solide du support, nous semble-t-il possible de rapporter les Lichens saxicoles aux catégories suivantes : 1° *Lichens lentus ; 2° Lichens rapidus ; 3° Lichens medians.*

1° LICHENS LENTUS.

1° Les Lichens lentus comprendront les espèces à développement lent qui exige un substratum très-solide, capable de résister presque indéfiniment, comme celui des roches siliceuses (non tendres), calcareo-siliceuses et des calcaires très-durs (*Lecanora ocellata, Lecidea lavata, Lecidea geographica, Verrucaria polysticta*, etc.)

2° LICHENS RAPIDUS.

2° Les Lichens rapidus comprendront au contraire les Lichens à développement rapide, qui n'exigent pas une matrice (substratum) résistante, aussi semblent-ils préférer les roches calcaires et les roches siliceuses tendres (*Lecanora candicans*, *L. callopisma*, etc.) Les Lichens calcivores font partie de cette deuxième catégorie, car on ne peut expliquer leur présence que sur les roches ou l'apothécie peut exercer une action dissolvante, ou sur un support dont la surface est assez molle pour céder sous sa pression (*Lecidea exanthematica*, *L. calcivora*, *Verrucaria immersa*, etc.) Il est entendu que les Lichens qui se développent rapidement ont une vie plus courte que ceux qui se développent lentement, du reste c'est la règle générale pour tous les êtres de la création. Le *Lecanora callopisma*, dont la destruction commence au centre aussitôt son parfait développement, nous en donne un exemple.

3° LICHENS MEDIANS.

3° Les Lichens medians renfermeront les Lichens intermédiaires entre la première et la deuxième catégorie, et surtout les espèces si infidèles à leur substratum déterminé qu'on les dirait presque indifférentes. Les types de ces espèces inconstantes sont les *Xanthoria parietina*, *Physcia obscura*, *Lecanora subfusca*, etc., etc. La cause de cette fréquente inconstance vient probablement de ce que ces espèces n'exercent aucune influence nuisible à ces sortes de supports, *et vice versa*, c'est ce qui fait aussi que ces plantes se développent si facilement et qu'elles sont si communes.

* *
*

Les Lichens paraissent assez fidèles au point de vue de l'habitat et de l'altitude. Certaines espèces sont propres aux montagnes, aux régions subalpines, aux plaines, aux lieux humides, aux lieux ombragés. D'autres aiment le voisinage des eaux. Il en est même qui vivent constamment submergés, comme le *Verrucaria rivulicola*, que nous avons découvert sous l'eau à Lenharrée (Marne), etc.

Quant à la distribution géographique de ces plantes, il faut, pour trouver des différences sensibles, comparer des zônes très-étendues. Les Lichens ont, du reste, comme tous les êtres, une mission providentielle. Nulle part, à la surface du sol, la nature n'apparait morte et désolée ; aussitôt que les roches, dont les flancs déchirés attristeraient la vue, apparaissent entièrement dégagées, les Lichens les envahissent et les couvrent comme d'un voile pour cacher leur nudité. En s'attachant aux surfaces les plus dures et les plus polies, ils y préparent même les éléments d'une végétation plus active et d'un ordre plus élevé. Ce sont en effet les croûtes lichénoïdes en décomposition qui permettent aux mousses, végétaux pourvus de racines, de s'y implanter, de s'étendre et de fournir elles-mêmes au terme de leur existence, une sorte de terreau où s'implanteront des graminées, etc., etc.

* *
*

Les études lichénologiques ont passé par plusieurs phases distinctes : la première, que M. Malbranche appelle *thallodienne*, ne s'occupait que des caractères extérieurs, tirés du thalle ou de l'apothécie. Dillenius, Flœrke, Turner. El. Fries, Acharius, De Candole, Schærer ont été les représentants de cette école qui, ne soupçonnant pas l'importance de l'étude des éléments anatomiques, a méconnu la place exacte d'un certain nombre de ces plantes.

La seconde époque, que des auteurs qualifient de *sporologique*, fonda ses distinctions sur la forme et les divisions des spores ; les lichénologues allemands et anglais (Hepp, Korber, Massalongo, etc.), accordèrent tant de valeur à ces caractères qu'ils s'en servirent à l'excès pour créer de nombreux genres. Mais il faut bien le reconnaître, l'analyse des Lichens par les spores est un des moyens les plus sûrs, car leurs formes sont constantes et caractéristiques, moyennant qu'on s'adresse à des échantillons en parfait état de maturité (1).

La troisième époque est qualifiée de *chimique* par rapport à l'emploi de diverses substances chimiques que l'on fait intervenir dans l'analyse des Lichens. Quant à la réaction sur le thalle, c'est tantôt l'épithalle, tantôt la médulle ou tous les deux qui sont influencés par les substances chimiques. Ailleurs, c'est l'hymenium qui est soumis aux réactifs et fournit par ses diverses colorations des notes caractéristiques pour la distinction des espèces.

Les principaux réactifs employés sont l'iode, la potasse, l'hypochlorite de chaux et l'acide azotique. M. Fries, dans son introduction aux *Lichens scandinaves*, donne la formule suivante pour l'*Iode* : *Iode* 1 p. *Iodure de potassium*, 3 p. Eau 500 p. M. Malbranche emploie l'*Hypochlorite de chaux* pur, la *Potasse* et l'acide azotique étendus de vingt fois leur poids d'eau distillée (2). Nous ne trouvons aucune

(1) Par exemple, il se pourrait qu'en analysant un Lichen à spores cloisonnées, on découvrît dans le même échantillon, des spores simples et des spores cloisonnées par suite des divers degrés de maturité. Aussi est-il prudent de répéter plusieurs fois l'expérience, afin de s'assurer qu'on n'a pas affaire à une spore jeune, si toutefois les autres organes ou les caractères extérieurs du thalle ne suffisent pas pour reconnaître l'espèce.

(2) Les réactions chimiques sont indiquées ordinairement par des formules dont voici l'explication : l'*iode* se traduit par la lettre I, la *potasse* par K, l'*hypochlorite de chaux* par Cacl. ou C. Les signes + — (plus et moins) signifient que le réactif réagit ou ne

indication des autres auteurs, cependant nous savons que le docteur Arnold (savant lichénologue bavarois) a fait une étude approfondie sur les diverses substances chimiques qui peuvent être employées pour l'analyse de ces plantes, mais nous n'avons aucune formule de lui, ainsi que du Dr Nylander.

Les réactifs chimiques sont donc une ressource précieuse pour reconnaître un certain nombre de Lichens. Ainsi la potasse teint en rouge de sang le *Lecanora citrina*, Ach. ; elle montre admirablement la différence entre le *Parmelia perforata* dont elle teint la couche médullaire en rouge et le *Parmelia perlata* sur lequel elle ne produit qu'une légère teinte jaunâtre. Avec le chlorure de chaux, on distingue parfaitement, par la coloration rose de la réaction, les *Parmelia borreri*, *Lecidea grisella*, etc. La solution d'iode sert principalement pour les préparations microscopiques. Malheureusement les réactifs ont aussi des inconvénients, car on peut obtenir des résultats divers sur le même type d'une solution plus ou moins forte (*Voy. Lich. de la Marne, p. 24, renvoi*) ; ou bien encore ces réactifs s'altèrent rapidement, et dans ce cas ils ne peuvent donner que des indications trompeuses.

Enfin on pourrait, non sans raison, ajouter une quatrième époque que nous appellerons *gonidique*, car c'est par l'analyse des gonidies que le savant suédois a fondé son système de classification, en s'appuyant sur le contenu,

réagit pas ; quand il n'y a qu'un signe, il signale l'action du réactif sur l'épithalle; quand il y en a deux superposés, le second indique l'action sur la médulle. Ex. : *Parmelia olivacea* var. *sub aurifera* (Nyl.) Cacl. $\mp$ rub. ; cela veut dire que l'*hypochlorite de chaux* est sans action sur l'épithalle et qu'il rougit la médulle. On désigne la couleur produite par le réactif : rub. (rouge). — r. (rose). etc.

le mode de séparation et la disposition des gonidies (1), (*Fries : Lichenographia scandinavica*, Upsaliæ). Cette époque gonidique est de plus immortalisée par la fameuse théorie Algolichénique qui a fait son temps. (*Voyez* notre examen critique de la théorie de Schwendener, 1877 et supplément 1878). — M. le docteur Minks vient de faire paraître un troisième ouvrage sur ce sujet, dans lequel il confirme notre opinion (Das microgonidium. *Ein Beitrag zur Kenntniss des wahren der Flechten ;* 1 vol. in-8° de 250 p., 6 pl. color. Bâle, Genève et Lyon, 1879). Il met en lumière la transformation des microgonidies en gonidies ordinaires. Ces observations nous font assister à toutes les phases de ce développement, qu'on peut résumer ainsi : le contenu des cellules de l'*hyphème* (2) est un plasma peu abondant qui contient déjà une microgonidie (ces cellules ne diffèrent du reste de celles du gonohyphème et du gonidème que par le nombre et la forme des microgonidies que ces dernières renferment) ; cette cellule de l'hyphème passe par tous les intermédiaires à celle du gonohyphème ; celle-ci, à son tour passe à l'état de cellule du gonidème et enfin par toutes les phases de développement des gonidies, arrive à la forme ultime de métrogonidie.

M. le Dr Minks décrit avec beaucoup de détails, la gonidie

(1) Ce mode de classification a, comme les autres systèmes, ses inconvénients. Ainsi M. Fries a d'abord divisé les Lichens en six classes; tandis que d'autres, comme Payer, n'en font qu'une seule famille, deux extrêmes. Ensuite on remarquera que dans le genre *Arthonia* il y a des espèces à gonidies chroolépoïdes et d'autres espèces à gonidies simples ce qui fait répartir ces deux sortes d'espèces dans deux classes différentes.

(2) L'hyphème est un tissu délicat qui existe dans l'hypothalle, les deux couches corticales et dans la portion médullaire où il est associé avec le gonohyphème et le gonidème.

ainsi complètement développée, et son contenu, puis les *métrogonidies*, sortes de gonidies-mères, naissant dans les cellules-limites de l'hypha sous forme de chaîne de gonidies et qui sont remplies de microgonidies, etc., etc. (1).

Pour faire cette énumération, nous avons suivi la classification que nous avons adoptée pour les Lichens de la Marne, à l'exception de deux tribus ajoutées, *Pertusariés* et *Thélotrémés*, au détriment de la tribu Lécanorés. Nous avons de plus admis comme types ou espèces nouvelles un certain nombre de ces plantes dites affines que nous n'avions considérées jusqu'alors que comme de simples variétés. (*Voy. l'Appendice*, p. 37).

Nous n'avons pas donné la synonymie des noms, mais on la trouvera dans notre synopsis des *Lichens de la Marne* ; ainsi qu'une méthode d'analyse par des tableaux synoptiques qui permet d'arriver sans autre ouvrage descriptif à la détermination de l'espèce.

(1) M. Roumeguère, de Toulouse, a rapporté quelques observations des travaux du Dr Minks, dans la revue mycologique qu'il dirige. *Voy.* les bulletins de cette publication à partir du 1er Nº de janvier 1879.

ÉNUMÉRATION DES LICHENS.

Fam. I. — COLLÉMACÉS.

Trib. I. COLLÉMÉS.

G. I. COLLEMA (Ach.)

1. **C. crispum** (*Ach.*) — Sur les murs à Etampes.

2. **C. pulposum** (*Ach.*) — Sur la terre, les murs et les rochers. — Commun.

3. **C. tenax** (*Ach.*) — Sur la terre, dans les champs de la ferme Loconois.

4. **C. granuliferum** (*Nyl.*) — Chaperon des murs à Etampes, au Buisson, etc.

5. **C. cheileum** (*Ach.*) — Sur la terre argileuse, à Courteaux.

6. **C. melaenum** (*Ach.*) — Sur les roches et la terre parmi les mousses.

7. **C. nigrescens** (*Ach.*) — Sur les troncs situés dans les lieux frais : saules, peupliers, etc.

8. **C. conglomeratum** (*Hoffm.*) — Sur les noyers au midi d'Etampes.

G. II. LEPTOGIUM (FR.)

1. **L. lacerum** (*Fr.*) — Sur les murs et la terre parmi les mousses, sur les grès à Essommes, etc. — Commun.

2. **L. pulvinatum** (*Ach.*) — Mêmes lieux que le précédent.

3. **L. subtile** (*Schrad.*) Krb. *Par.* 424. — Thalle membraneux très-petit, étoilé par ses divisions lobées-digitées,

brun; apothécies petites, d'un brun-rougeâtre, un peu urcéolées (Malbranche dit (1) : *apothécies petites, d'un brun-rougeâtre, convexiuscules immarginées ou à bord entier subconcolore*). Spores 20—25 × 10—13. Sur la terre argileuse de la voie du syphon de la Dhuis à Etampes.

Fam. II. — LICHÉNACÉS.

Trib. II. — CALICIÉS.

G. I. CALICIUM (Ach.)

1. **C. trachelinum** (*Ach.*) — Se trouve ordinairement dans l'intérieur des vieux saules ou les parties dépourvues d'écorce, mais nous ne l'avons rencontré que sur un vieux pommier dénudé, près de Blesmes.

Trib. III. BÆOMYCÉS.

G. I. BÆOMYCES (Pers.)

1. **B. rufus** (*D. C.*) — Sur la terre argileuse à Champcadet. — Commun au bord des forêts.

Trib. IV. CLADONIÉS.

G. 1. CLADONIA (Hoffm.)

1. **Cl. papillaria** *Var.* **simplex-clavata** (*Schær.*) — Sur les grès de Nogentel, parmi des Parmelia et le Nostoc commun.

2. **Cl. pyxidata** (*Fr.*) — Sur la terre dans les forêts. — Commun.

(1) Lichens des murs d'argile, dans l'arrondissement de Bernay (Eure), 1878.

3. **Cl. pyxidata** *var.* **pocillum** (*Ach.*) — Sur la terre dans les bois.

4. **Cl. pyxidata** *var.* **costata** (*Flk.*) — Au pied des murs de l'enclos du Colombier.

Obs. — Le cladonia pyxidata et ses variétés fréquemment confondus avec le *fimbriata*, s'en distingue par ses podétions, assez exactement turbinés, et ordinairement à épiderme verruqueux-granuleux, rarement pulvérulent, tandis que les formes à épiderme finement pulvérulent et pâle à scyphus en coupe et fréquemment prolifère appartiennent au fimbriata.

5. **Cl. pityrea** (*Ach.*) — Sur les grès à Verdilly.

6. **Cl. fimbriata** (*Fr.*) — Sur la terre, les rochers, les troncs. — Commun.

7. **Cl. fimbriata** *var.* **minima**; cette variété, que nous avons trouvée dans l'intérieur d'un vieux saule en décomposition est dans toutes ses formes deux tiers plus petite que le type. — Château-Thierry.

8. **Cl. fimbriata** *var.* **radiata** (*Fr.*) — Sur la terre et les rochers du bois de Barbillon.

9. **Cl. fimbriata** *var.* **cornuta** (*Ach.*) — Mêmes lieux que le type.

10. **Cl. squamosa** (*Hoffm.*)—Sur la terre et les rochers, dans les bois, les forêts.

11. **Cl. cœspititia** (*Flk.*) — Sur les grès du bois de pierres.

12. **Cl. rangiferina** (*Hoffm.*) — Sur la terre, dans les forêts et dans les bois des lieux montueux, bois de Barbillon.

13. **Cl. furcata** (*Hoffm.*) — Sur la terre et les rochers, dans les bois surtout des lieux élevés.

14. **Cl. furcata** *var.* **racemosa** (*Flk.*) — Sur la terre et les rochers dans les bois, la forme squamulosa au pied des murs du Colombier.

15. **Cl. furcata** *var.* **stricta** (*Wallr.*)— Mêmes lieux que le type.

16. **Cl. pungens** (*Ach.*) — Sur la terre dans les bois, sur les grès à Verdilly.

Trib. V. USNÉS.

G. I. USNEA (Hoffm.)

1. **U. florida** (*Fr.*) — Sur les arbres dans les forêts, plus rarement sur les arbres fruitiers.
2. **U. hirta** (*Fr.*) — Sur les arbres. — Rare.
3. **U. articulata** (*Fr.*) — Sur les arbres dans les forêts.
4. **U. plicata** (*Fr.*) — Sur les arbres dans les forêts.

Trib. VI. — ALECTORIÉS.

G. I. ALECTORIA (Ach.)

1. **A. jubata** *var.* **chalybeiformis** (*L.*) — Sur les vieilles écorces de chênes parmi les mousses.

Trib. VII. RAMALINÉS.

G. I. RAMALINA (Ach.)

1. **R. fraxinea** (*Ach.*)
2. **R. fastigiata** (*Ach.*)
3. **R. farinacea** (*Ach.*) — Ces trois espèces sont communes sur les arbres.
4. **R. pollinaria** (*Ach.*) — Sur les murs, les rochers, les vieux bois et les cloisons en planches exposés surtout au nord.

Trib. VIII. EVERNIÉS.

G. I. EVERNIA (Ach.)

1. **E. prunastri** (*Ach.*) — Commun sur les arbres. — Stérile.

Trib. IX. PELTIGÉRÉS.

G. I. PELTIGERA (Hoffm.)

1. **P. canina** (*Hoffm.*) — Commun sur la terre dans les forêts.

2. **P. rufescens** (*Hoffm.*) — Sur les troncs au bord des forêts.

3. **P. polydactyla** (*Hoffm.*) — Sur les rochers et sur la terre dans les bois.

4. **P. horizontalis** (*Hoffm.*) — Sur la terre dans les bois; sur les grès au bois de pierres.

Trib. X. STICTÉS.

G. I. STICTA (Ach.)

1. **S. pulmonacea** (*Ach.*) — Sur les troncs dans les forêts.

Trib. XI. PARMELIÉS.

G. I. PARMELIA (Ach.)

1. **P. caperata** (*Ach.*) — Commun sur les troncs, plus rare sur les rochers. — Stérile.

2. **P. conspersa** (*Ach.*) — Commun sur les grès de tous les environs de Château-Thierry.

3. **P. olivacea** (*Ach.*) — Commun sur les jeunes arbres le long des routes et sur les arbres fruitiers.

4. **P. olivacea** *var.* **exasperata** (*D. N.*) — Sur les branches des vieux arbres fruitiers.

5. **P. olivacea** *var.* **prolixa** (*Ach.*) — Très-commun sur les grès.

6. **P. acetabulum** (*Dub.*) — Très-commun sur les troncs.

7. **P. saxatilis** (*Ach.*) — Sur les écorces. — Commun sur les grès.

8. **P. borreri** (*Turn.*) — Très-commun sur les arbres fruitiers. — Facile à distinguer par la réaction rose produite sur la couche médullaire à l'aide du chlorure de chaux (*hypochlorite de chaux*). — Stérile.

9. **P. perlata** (*Ach.*) — Commun sur les écorces dans les forêts.

10. **P. perforata** (*Ach.*) — Sur les troncs et les rochers. — On distingue cette plante du P. perlata par la réaction rouge de la potasse sur la médulle du thalle (*K. rub.*) — Très-rare. — Les apothécies de ces deux plantes sont inconnues en France.

11. **P. physodes** (*Ach.*) — Commun sur les troncs.

Trib. XII. PHYSCIÉS.

G. I. BORRERA (Ach.)

1. **B. chrysopthalma** (*Ach.*) — Sur les écorces, principalement sur les branches des vieux arbres fruitiers.

G. II. XANTHORIA (Th. Fr.)

1. **X. parietina** (*Th. Fr.*) — Sur les arbres, les murs, les rochers, le fer, les os, le cuir, le verre, etc. Cependant il préfère les écorces à tous les autres substratums. — Très-commun.

2. **X. lychnea** (*Lichens de la Marne, n° 281, suppl.*) — Sur les pierres et les crépis des murs ; couvre la base du clocher de l'église de Château-Thierry, du côté nord. — Ressemble beaucoup au *Xanthoria candelaria* ; mais s'en distingue facilement par la réaction rouge de sang produite par la potasse. (K. *rub.*)

3. **X. candelaria** ; *Lecanora candelaria* (*Ach.*) — Lichens de la Marne n° 98. — Fréquent sur les troncs.

G. III. PHYSCIA (Hepp.)

1. **Ph. pulverulenta** (*Fr.*) — Très-commun sur les troncs.

2. **Ph. pityrea** (*Ach.*) — Il couvre de larges plaques grises sur les vieux tilleuls et les ormes des promenades publiques à Château-Thierry, où je l'ai trouvé pour la première fois en fructification.

3. **Ph. stellaris ; Parm. aipolia** (*Ach.*) — Fréquent sur les écorces.

4. **Ph. stellaris** *var.* **ambigua** (*Schær.*) — Sur les arbrisseaux et les branches d'arbres à écorce lisse. — Assez rare.

5. **Ph. leptalea** (*D. C.*) — Sur les écorces de différents arbres. — Rare.

6 **Ph. tenella** (*D. C.*) — Très-commun sur les arbres et les arbustes. — Facile à distinguer par ses divisions terminées en capuchon.

7. **Ph. ciliaris** (*D. C.*) — Fréquent sur les arbres.

8. **Ph. astroidea** (*D. C.*) — Sur les troncs, surtout des vieux saules. — Rare.

9. **Ph. cœsia** (*Fr.*) — Sur les grès. — Rare.

10. **Ph. obscura** (*Fr.*) — Sur les écorces, moins commun sur les bois, les pierres des ponts, des murs, etc.

11. **Ph. obscura** *var.* **ulotrix** (*Fr.*) — Sur les écorces surtout des vieux arbres. — Peu distinct du type, laciniures plus séparées, étroites et multifides planes subciliées au bord, ainsi que le dessous des apothécies.

12. **Ph. adglutinata** (*Nyl.*) — Sur les écorces, marronniers, etc.

Trib. XIII. LECANORÉS.

G. I. PANNARIA (Del.)

1. **P. nigra** (*Huds.*) — Commun sur les rochers et les pierres des talus des canaux et de la Marne.

2. **P. nigra** *var.* **microphylla** (*Moug.*) — Sur les roches calcaires à Mont-Saint-Père.

G. II. HEPPIA (Næg.)

1. **H. lutosa** (*Ach.*) ; *Pannaria lutosa*, *Lichens de la Marne*, N° 83. — Sur les grès. — Trouvé une seule fois en 1872, sur un grès au-dessus de Château-Thierry, à gauche de la route de Soissons. Nous l'avons recherché en vain depuis.

G. III. LECANORA (Ach.)

1re Section. SQUAMARIA (*D. C.*)

1. **L. crassa** (*Ach.*) — Trouvé une seule fois un très-mauvais échantillon sur une roche calcaire.

2. **L. saxicola** (*Ach.*) — Sur les rochers, très-commun sur les pierres des talus de la Marne à Château-Thierry.

3. **L. fulgens** (*Ach.*) — Nous n'avons vu que des fragments de cette plante parmi des cladonia recueillis sur les coteaux de Crésancy, mais c'est une preuve qu'elle végète dans cette contrée. Le *Lecanora fulgens* fait partie de la section des *Placodium* dans les Lichens de la Marne ; mais à cause de ses spores simples il doit rentrer dans la section des *Squamaria*, à côté des *lentigera* et *crassa* dont il rappelle le facies.

2e Section. PLACODIUM.

4. **L. callopisma** (*Ach.*) — Sur les roches calcaires et les grès tendres des coteaux. — Diffère du *L. murorum* par son thalle à lobes larges planes, étalés à la circonférence, confluents, d'un jaune doré intense, à centre bruni, fendillé, aérolé ; apothécies lécanorines orange fauve foncé ; spores subquadrangulaires arrondies. La *F. sympageum* (*Ach.*) — Sur les roches calcaires sous Vincelles.

5. **L. centroleuca** (*Mass.*) — Sur les écorces, à la base d'un vieux tilleul des promenades de Château-Thierry.

6. **L. murorum** (*Ach.*) — Commun sur les murs, les pierres et les rochers. Thalle à lobes étroits à la circonférence.

7. **L. pulvinatum** (*Mass.*) — Sur les murs à Château-Thierry.

8. **L. elegans** (*Ach.*) — Sur les grès à Château-Thierry. — Thalle rouge vermillonné à lobes flexueux et un peu toruleux.

9. **L. candicans** (*Sch.*) — Sur les calcaires et les grès.

10. **L. circinata** (*Pers.*) — Sur les rochers et les pierres des murs, commun sur les pierres des talus de la Marne à Château-Thierry.

11. **L. variabilis** (*Ach.*) — Sur les grès et les roches calcaires de la Madelaine à Château-Thierry.

3e Section. LECANORA (*Ach.*)

12. **L. citrina** (*Ach.*) — Sur les pierres et les mortiers à la base des murs.

13. **L. vitellina** (*Ach.*) — Sur les grès. — Commun.

14. **L. vitellina** *var.* **aurella** (*Ach.*) — Sur les roches calcaires et les silex à Mont-Saint-Père.

15. **L. xanthostigma** (*Ach.*) — Sur les écorces des arbres fruitiers à Château-Thierry.

16. **L. xanthostigma** *var.* **coruscans** (*Ach.*) — Sur une vieille barrière en chêne à Château-Thierry.

17. **L. aurantiaca** (*Lightf.*) — Sur les écorces surtout des arbres fruitiers.

18. **L. erytrella** (*Ach.*) ; *Lichens de la Marne*, n° 106. — Très-commun sur les grès de tous les environs de Château-Thierry. — Cette espèce varie par un thalle jaunâtre dans le centre et verdâtre à la circonférence ou roussâtre ; dans cette dernière phase, les apothécies sont plus rapprochées et plus foncées, *var.* rubescens (*Ach.*)

19. **L. ochracea.** — *Placodium*, *Hepp*, *Fl. Eur.* N° 910. — Sur les roches calcaires.

20. **L. cerina** (*Ehrh.*) — Très-commun sur les écorces.

21. **L. hœmatites** (*Chaub.*) — Sur l'écorce lisse des peupliers.

22. **L. ulmicola** (*D. C.*) — Commun sur les vieux ormes ou tilleuls des promenades du bord de la Marne à Château-Thierry.

23. **L. luteo-alba** (*Turn.*) — Commun sur les écorces lisses des peupliers. — Nous séparons cette espèce que nous avons réunie au L. pyracea dans les Lichens de la Marne, N° 112. Ces deux plantes diffèrent l'une de l'autre en ce que le *L. luteo-alba* a le thalle cendré et l'hypothalle blanc, les apothécies orangées à bord pâle blanchâtre dans les jeunes et un peu épais ; tandis que le thalle est frustre ou nul chez le *L. pyracea*, et par ce défaut les apothécies sont un peu plus foncées par rapport au bord blanchâtre qui leur manque.

24. **L. luteo-alba** *var.* **lactea** (*Mass.*) ; *L. pyracea* var. *rupestris des Lichens de la Marne*, N° 113. — Sur les roches calcaires à la Madelaine, au Val-Secret, etc. Les caractères constants de cette variété nous semblent être une espèce affine qui pourrait être séparée du type.

25. **L. pyracea** (*Ach.*) — Sur les écorces de noyers, peupliers, etc. M. Déy a trouvé cette espèce sur un tesson de bouteille.

26. **L. pyracea** *var.* **holocarpa** (*Ehrh.*) ; Lichens de la Marne, N° 108. — Sur les bois exposés à la pluie.

27. **L. pyrithroma** (*Ach.*) — Sur les roches calcaires dures, plus rare sur les grès.

28. **L. calva** (*Dicks.*) — Roches calcaires au Ru-Fondu, la Madelaine, Val-Secret, etc.

29. **L. irrubata** (*Ach.*) — Sur les pierres des murs et des talus des rivières, ainsi que des ponts.

30. **L. ferruginea** (*Huds.*) — Commun sur les écorces surtout des arbres fruitiers.

31. **L. ferruginea** *var.* **festiva** (*Ach.*) — Commun sur les grès tendres.

32. **L. teicholyta** (*Ach.*) — Sur les pierres de grès des vieux murs à Château-Thierry.

33. **L. hœmatomma** (*Ach.*) — Sur les grès de la voie du syphon.

34. **L. gibbosa** (*Ach.*) — Sur les grès à Château-Thierry.

35. **L. cinerea** (*L.*) — Sur les grès à Château-Thierry.

36. **L. calcarea** (*Ach.*) — Sur les roches calcaires et les grès tendres de la voie du syphon.— Très-rare sur les grès.

37. **L. contorta** (*Flk.*) — Sur les pierres, les galets, et les grès des coteaux. — J'ai trouvé cette plante sur une *dent* qui semble appartenir à l'espèce ovine.

38. **L. parella** (*L.*) — Commun sur les grès. — La forme *corticola* sur les noyers à Château-Thierry.

39. **L. pallescens** *var.* **saxicola.** — Sur les grès au bois de pierres. — Le thalle ne change pas par le chlorure de chaux, mais le disque des apothécies devient rouge.

40. **L. atra** (*Ach.*) — Sur les écorces et les roches siliceuses.

41. **L. subfusca** (*Ach.*) — Sur les écorces, les bois, les pierres, les rochers, le verre, etc. — Très-commun, mais offrant de nombreuses variétés de formes, dont la principale cause est l'inconstance de cette espèce pour un substratum propre. Il est difficile de déterminer les variétés par rapport à cet état polymorphe, c'est ce qui fait aussi qu'il y a de la confusion dans les noms d'auteurs.

42. **L. parisiensis** (*Nyl.*) — Sur les vieilles écorces des peupliers et autres arbres à Essommes, Château-Thierry, etc.

43. **L. chlarona** (*Ach.*) — Sur les écorces. — Commun.

44. **L. campestris** (*Schr.*) — Sur les pierres des murs à Chiéry, etc.

45. **L. albella** (*Pers.*) — Sur les arbres à écorce presque lisse surtout des bouleaux et des trembles dans les forêts.

46. **L. angulosa** (*Ach.*) — Sur les écorces, surtout des noyers.

47. **L. scrupulosa** (*Ach.*) — Sur les écorces des prunus et cerasus, etc., à Château-Thierry. Cette espèce diffère du L. angulosa par son thalle fendillé et ses apothécies à disque plane d'un roux-brun et nu comme le subfusca, à l'état sénile ; mais couvert d'une pruine blanche-cendrée comme le L. angulosa à l'état jeune et adulte.

48. **L. cœsio alba** (*Krb.*) ; *L. crenulata*, *Lichens de la Marne*, N° 139. — Sur les pierres des murs et les rochers à Essommes.

49. **L. galactina** (*Ach.*) — Sur les pierres des murs et les roches calcaires à Verdilly.

50. **L. glocoma** *var.* **subcarnea** (*Ach.*) — Sur les grès près du bois de pierres. — Réaction : C.—, nul sur l'epithecium ; tandis qu'elle est jaunâtre dans le L. glaucoma.

51. **L. hageni** (*Ach.*) — Très-commun sur les bois et les racines découvertes.

52. **L. dispersa** (*Krb.*) ; Lecanora hageni f. saxicola. — Sur les grès à Château-Thierry.

53. **L. umbrina** (*Ehrh.*) — Sur les bois exposés à la pluie, les barrières, etc.

54. **L. varia** (*Ach.*) — Cette plante se nuance avec quelques formes dégradées de couleur du *subfusca* et de l'*hageni* ; l'absence du thalle (jaunâtre ou paille) dans quelques cas, rend la détermination plus embarrassante.

L'apothécie est rarement bien régulière et sa couleur, brune ou pâle, est toujours mêlée d'un peu de jaune. — Sur les bois exposés à la pluie, rarement sur les écorces. Dans cette dernière station, les apothécies convexes étalées, immarginées tendent à la variété *symmicta*.

55. **L. orosthea** (*Ach.*) — Sur les grès à Verdilly, etc.

56. **L. sulfurea** (*Ach.*) — Commun sur les pierres des murs à Chiéry, sur les grès à Nesles, Etampes, la Madelaine, etc.

57. **L. erysibe** *var.* **minuta** (*Hepp.*) — Sur les roches calcaires sous Vincelles.

58. **L. atrocinerea** (*Dicks.*) — Sur les grès à Bouresches.

59. **L. sophodes** (*Ach.*) — Sur les écorces et les vieux bois. — On rencontre souvent la *var.* exigua (Schœr.) sur les barrières.

4e section. PSEUDOLECANORA.

60. **L. cervina** *var.* **rufescens.** — Sur les grès à Verdilly.

61. **L. cervina** *var.* **rufescens** f. Depauperata. — Sur les grès à Château-Thierry, route de Fère.

62. **L. pruinosa** (*Nyl.*) — Sur les pierres calcaires des friches du Ru-fondu.

Trib. XIV. PERTUSARIÉS.

G. I. PERTUSARIA (D.C.)

1. **P. communis** (*D. C.*) — Commun sur les écorces dans les forêts.

2. **P. communis** *var.* **rupestris** (*D.C.*) — Sur les grès à Château-Thierry. — Rare.

3. **P. pustulata** (*Ach.*) — Sur les chênes dans les forêts.

4. **P. globulifera** (*Turn.*) — Commun sur les écorces.

5. **P. amara** (*Ach.*) — Sur les troncs de hêtre dans les forêts.

Trib. XV. THÉLOTRÉMÉS.

G. I. PHLYCTIS (Wallr.)

1. **P. agelaea** (*W.*) — Commun sur les écorces.

G. II. URCEOLARIA (Ach.)

1. **U. scruposa** (*Ach.*) — Sur les grès et la terre argileuse : spores mesurant en long, 0.055, en larg. 15mm. Thallus C + purpurasc.

2. **U. scruposa** *var.* **bryophila** (*Ach.*) — Parasite des mousses. — Sur les pierres des coteaux et les murs au Buisson.

3. **U. gypsacea** (*Ach.*) — Sur les grès près du bois de pierres. — Rare. Réactif K + flav.

4. **U. actinostoma** (*Pers.*) — Sur un mur de clôture en face l'église de Chiéry, et les grès à Château-Thierry. Spores mesurant en long. 0,018 — 22 $\times$ 0,010mm. L'hypochlorite de chaux colore le thalle en rouge. C + rub.

Trib. XVI. LÉCIDEINÉS.

G. I. LECIDEA (Ach.)

1. **L. cupularis** (*Ach.*) — A la base des rochers au bois de pierres. — Rare.

2 **L. coarctata** (*Nyl.*) — Très-commun sur les galets de tous les coteaux des environs de Château-Thierry.

3. **L. atrosanguinea** (*Hoffm.*) — Sur les galets des coteaux. — Rare.

4. **L. fuscorubens** (*Nyl.*) — Sur les pierres calcaires des coteaux. — Très-rare.

5. **L. vernalis** (*Ach.*) — Sur les grès au bord du ruisseau du syphon, parmi les mousses en décomposition.

6. **L. cyrtella** (*Ach.*) — Sur les écorces des arbrisseaux dans les bois.

7. **L. sabuletorum** (*Flk.*) — Sur les mousses à la base des vieux murs.—Commun.

8. **L. naegelii** (*Hepp.*) — A la base des jeunes ormes.

9. **L. luteola** (*Ach.*) — Sur différentes écorces, parties noueuses ou gercées des frênes, sous Vincelles.

10. **L. fuscella** (*Fr.*) — Sur les érables, les ormes, etc.

11. **L. cœrulea** (*Krbr.*) — A la base des jeunes érables, ormes, etc.

12. **L. vesicularis** (*Ach.*) — Sur la terre dans les bois des lieux élevés. Sur les grès de la Madelaine à Château-Thierry.

13. **L. aromatica** (*Ach.*) — Sur les vieux murs, église d'Etampes.

14. **L. parasema** (*Ach.*)—Très-commun sur les écorces. — Les spores simples peuvent facilement distinguer ce Lichen des *disciformis* et *myriocarpa* avec lesquels il a été fréquemment réuni.

15. **L. enteroleuca** (*Nyl.*) — Sur diverses écorces et bois, f. saxicola sur les grès.

16. **L. euphorea** (*Flk.*) — Sur les cloisons des vieilles barrières.

17. **L. elæochroma** (*Ach.*) — Sur diverses écorces.

18. **L. monticola** (*Ach.*) — Sur les pierres calcaires des murgers de la Madelaine à Château-Thierry.

19. **L. rivulosa** (*Ach.*) — Sur les grès à Bouresches.

20. **L. contigua** (*Fr.*) — Sur les roches de diverses formations, Verdilly, etc.

21. **L. contigua** *var.* **crustulata** (*Flk.*) — Sur les pierres siliceuses des coteaux, au Val-Secret près de Château-Thierry, et les calcaires durs à Essommes.

22. L. **grisella** (*Flk.*) — Sur les grès à Verdilly. — Spores mesurant en long. 0,010 — 12 ; larg. 0,005m·m ; le thalle (C × rub.) devient légèrement rouge par le chlorure de chaux.

23. L. **calcivora** (*Ehrh.*) — Sur les galets et roches calcaires des coteaux.

24. L. **chondrodes** (*Mass.*) Sur les pierres et les roches calcaires des coteaux. — Rare.

25. L. **metzlerii** (*Krbr.*) ; *L. oolithina* (*Nyl.*), *Lich. de la Marne*, n° 212. — Sur les roches et les pierres calcaires à Château-Thierry.

26. L. **goniophila** (*Flk.*) — Sur les grès du bois de pierres, d'Aulnois, etc.

27. L. **lavata** (*Nyl.*) — Sur les roches calcareo-siliceuses à Blanchard, la Madelaine à Château-Thierry, etc.

28. L. **excentrica** (*Ach.*) — Sur la pierre siliceuse à Nogentel et les pierres calcareo-siliceuses à Essommes. La var. concentrica végète aux mêmes lieux que le type.

29 L. **montagnei** (*Flk.*) — Sur les grès à Crésancy, Château-Thierry, etc.

30. L. **athalea** (*Fr.*)— Sur les grès à Château-Thierry.

31. L. **albo-atra** (*Hoffm.*) — Sur diverses écorces telles que noyers, frènes, saules.

32. L. **venustum** (*Krb.*) ; *L. albo-atra* var. *calcarea* (*Weiss.*) *Lichens de la Marne*, n° 221. Sur les grès et les roches calcaires à Château-Thierry, et les pierres des murs à Chiéry.

33. L. **disciformis** (*Fr.*) — Sur les écorces, dans les forêts.

34. L. **leptocline** (*Flk.*) — Thalle cendré quelquefois jaunâtre, aréolé limité, souvent décussé par un hypothalle noir. — Commun sur les grès.

35. L. **myriocarpa** (*D. C.*) — Sur les bois, les écorces noyers, tilleuls, sureaux, les rochers (*f. saxicola*).

36. **L. grossa** (*Pers.*) — Sur les écorces des vieux frênes, cascades du Ru-fondu.

37. **L. lenticularis** (*Ach.*) — Sur les tas de pierres calcaires situés sur le versant des coteaux au nord de Château-Thierry.

38. **L. geographica** (*L.*) — Commun sur les grès.

Trib. XVII. GRAPHIDÉS.

G. I. GRAPHIS (Ach.)

1. **G. scripta** (*Ach.*) — Sur les écorces dans les forêts.

2. **G. scripta** *var.* **pulverulenta** (*Pers.*) — Sur les écorces, principalement du hêtre.

3. **G. scripta** *var.* **serpentina** (*Ach.*) — Sur différentes écorces dans les forêts.

4. **G. recta** (*Hepp.*) — Sur les écorces lisses du cerisier et bouleau. — Lirelles ; simples, droites, parallèles.

G. II. OPEGRAPHA (Ach.)

1. **Op. notha** (*Ach.*) — Sur différentes écorces.

2. **Op. pulicaris** (*Hoffm.*) — Sur différents arbres tels que cerasus, populus, quercus, etc.

3. **Op. diaphora** (*Ach.*) Sur les écorces. — Commun.

4. **Op. herpetica** (*Ach.*) — Sur différentes écorces.

5. **Op. herpetica** *var.* **fuscata** (*Sch.*) — Sur les troncs. peupliers, frênes, etc.

6. **Op. herpetica** *var.* **rubella** (*Sch.*) — Sur l'écorce des bouleaux au Ru-fondu.

7. **Op. viridis** (*Pers.*) — Sur les troncs de hêtre dans les forêts.

8. **Op. vulgata** *var.* **subsiderella** (*Nyl.*)—Sur les saules dénudés et autres, au Val-Secret, etc.

9. **Op. atra** (*Pers.*) — Sur les écorces.

10. **Op. hapalea** (*Ach.*)—Sur les écorces de noyers, etc.

11. **Op. reticulata** (*D. C.*) — Sur les écorces de pommiers, trembles, etc.

G. III. ARTHONIA (Ach.)

1. **A. cinnabarina** (*Wallr.*)— Sur les écorces des frênes au Ru-fondu, Saint-Martin, etc. On rencontre les formes suivantes : rosacea (*Leight.*), obscura (*Hepp.*), pruinata (*Del.*), rubrofusca (*Nob.*), etc.

2. **A. lurida** (*Ach.*)— Sur les écorces dans les forêts.

3. **A. radiata** (*Pers.*) — Sur les écorces.

4. **A. galactites** (*Duf.*) — Sur l'écorce lisse des peupliers.

5. **A. dispersa** (*Schrad.*) — Sur les écorces lisses.

G. IV. MELASPILEA (Nyl.)

1. **M. arthonioides** (*Fée.*) — Sur les troncs de saules, peupliers, etc.

Trib. XVIII. PYRÉNOCARPÉS.

G. I. ENDOCARPON (Hedw.)

1. **E. miniatum** (*Ach.*) — Sur les grès de Crésancy et du bois de pierres.

2. **E. pallidum** (*Krb.*) — Sur la terre des pâturages de Blanchard à Château-Thierry. — Sp. 10—12 × 5 m/m.

G. I. VERRUCARIA (Pers.)

1. **V. macrostoma** (*Duf.*) — Sur les vieux murs à Château-Thierry, etc.

2. **V. glaucina** (*Ach.*)—Sur les murs à Château-Thierry.

3. **V. nigrescens** (*Pers.*) — Sur les murs et les rochers à Château-Thierry

4. **V. viridula** (*Ach.*) — Sur les murs et les pierres à Château-Thierry.

5. **V. ruderum** (*D. C.*) — Sur les mortiers des murs surtout de ciment, nous avons vu végéter cette espèce sur des os.

6. **V. rupestris** (*Schrad.*) — Sur les roches calcaires des coteaux.

7. **V. calciseda** (*D. C.*) — Sur les roches calcaires.

8. **V. integra** (*Nyl.*)—Sur les roches et pierres calcaires, plus rare sur les roches siliceuses.

9. **V. muralis** (*Ach.*) — Sur les pierres calcaires de la voie du syphon de la Dhuis à Etampes, Ru-fondu, etc.

10. **V. conoidea** (*Fr.*) — Sur les roches et les pierres calcaires. — Rare.

11. **V. olivacea** (*Fr.*)— Sur le grès tendre qui s'exfolie, à Courteau.

12. **V. nitida** (*Schrad.*) — Sur les écorces surtout du hêtre.

13. **V. nitidella** (*Flk.*) — Sur les écorces des frênes, cascade du Ru-fondu.

14. **V. cerasi** (*Schrad.*) — Sur les écorces de cerisiers.

15. **V. punctiformis** (*Fr.*) — Sur les écorces encore lisses.

16. **V. gemmata** (*Ach.*) — Sur les écorces des vieux frênes, cascade du Ru-fondu.

17. **V. epidermis** (*Ach.*) — Sur les écorces lisses.

18. **V. analepta** (*Garov.*) — Sur les écorces.

APPENDICE.

LE TRANSFORMISME CONDAMNÉ PAR LES LICHENS AUSSI BIEN QUE PAR TOUTES LES AUTRES PLANTES.

Toute plante, en naissant, déjà renferme en elle,
D'enfants qui la suivront une race immortelle.
(RAC.)

Il ne sera peut-être pas inutile d'ajouter ici quelques observations sur la question des espèces et surtout de celles dites affines. On appelle espèces affines celles dont les formes ne se distinguent les unes des autres que par des caractères peu tranchés, mais se conservant invariablement dans une suite indéfinie de générations. L'étude de ces espèces a amené les botanistes à reconnaître que les types appelés *Linnéens* étaient à subdiviser en espèces nouvelles, mais qu'il était parfois nécessaire de diviser les genres eux-mêmes. Pour les Lichens, ce ne sont pas seulement les types *Linnéens* qui sont à diviser. Linné n'ayant fait qu'une étude superficielle de ces plantes, se contenta de classer une centaine d'espèces qu'il distingua d'après la physionomie générale, sans chercher dans l'étude de la fructification aucun caractère essentiel, principe et base d'une classification plus scientifique. Poursuivant jusque dans l'étude de ces végétaux inférieurs l'application de son système sexuel, il croyait reconnaître là des noces cachées (*cryptogamie*). Il faut donc arriver à Acharius, si justement nommé le père de la lichénographie, pour avoir un ouvrage complet sur les Lichens. Mais depuis quelques années l'étude de ces plantes a pris un nouvel essor et fait des progrès considérables par suite de la perfection des instruments d'observation et de la découverte des réactifs ou moyens chimiques. Aussi les lichénologues ont pu reconnaître au moyen du microscope que les organes de ces plantes, dont les dimensions ne se mesurent que par quelques millièmes de millimètres, avaient dans chaque espèce des caractères constants. A l'aide des puissants moyens d'observation et d'analyse dont il dispose, le lichénologue peut retrouver ces caractères constants jusque dans la variété qui par son facies s'éloigne le plus du type primitif et semble en différer spécifiquement. Si grandes qu'elles soient, ces différences ne sont point essentielles, mais simplement accidentelles ; les causes en sont multiples, par exemple la végétation sur un substratum autre que le substratum propre, etc., etc. (Voyez à la suite, les *Variétés*.)

On peut de même, par l'emploi des moyens chimiques, distinguer deux espèces stériles qui ont le même facies et la plus grande ressemblance de formes. Nous donnerons pour exemple *le Parmelia perforata* que l'on peut facilement distinguer par la potasse du *Parmelia perlata* avec lequel on le confond.

C'est avec ces divers moyens que les lichénologues sont arrivés à admettre comme types ou plantes nouvelles les espèces affines qui, jusqu'alors n'avaient été prises que pour de simples variétés. Aussi les quelques botanistes qui à la suite et sous le patronnage de Darwin se sont déclarés pour la *variabilité* de l'espèce (Théorie de la *transformation* ou *sélection naturelle*), se voient-ils, dans ces derniers temps, écrasés par la masse des faits qui prouvent que l'immutabilité des espèces est incontestable.

Les variations d'un végétal ne sont que de simples écarts de la nature qui finissent par revenir au type primitif dans un temps plus ou moins rapproché, tandis que l'espèce véritable est fixe et ne change pas dans l'ensemble des caractères.

Ce qui doit faire l'espèce c'est l'*habitus*, c'est la *structure interne* et le *facies particulier* qui prend une forme (animale ou végétale), dans l'ensemble et la constance de ses caractères. On doit seulement lui rapporter, comme variétés, les formes qui ne s'en éloignent que par des caractères variables, lesquels disparaissent avec les causes de la variabilité.

Les *variétés*, d'après l'opinion de la majorité des botanistes, tiennent à plusieurs causes : d'abord aux influences des agents chimiques et physiques du sol et de l'atmosphère, puis aux faits de tératologie souvent héréditaire pendant plusieurs générations, et enfin à l'hybridité entre plusieurs espèces congénères. Cette hybridité laisse parfois aux nombreux produits qui en dérivent la faculté de reproduire des individus qui tendent à s'éloigner pendant un temps plus ou moins long des caractères des formes typiques. Mais cette propriété des végétaux est subordonnée elle-même à la grande loi de l'*atavisme*, loi qui concourt puissamment à la conservation de l'espèce, en agissant en sens inverse de l'*hybridation*, c'est-à-dire à ramener tous les êtres vers les types dont ils sont originaires.

Par ces simples observations, on voit que les lichénographes réducteurs sont obligés, non-seulement de revenir aux types d'Acharius, qu'ils avaient réduits, mais encore de reconnaître comme nouvelles espèces celles dites affines. Celles-ci, qui sont maintenant admises comme types par les lichénologues les plus autorisés, forment une double barrière au transformisme, attendu qu'elles nous font voir, dans cette magnifique échelle des êtres de la création, des gradations qui nous étaient inconnues jusqu'alors dans les végétaux.

La fixité des espèces résistera toujours victorieusement à cette hypothèse de la génération spontanée, qui n'a pu encore expliquer que l'apparition des variétés, soit par l'influence des milieux, soit par la sélection artificielle, soit par la transmission héréditaire.

Quant à la variété végétale prise parmi celles dont la multiplication s'opère uniquement par division, c'est-à-dire celles propagées par les soins de l'homme, sera l'objet d'un travail séparé, lequel fera reconnaître que toutes ces variétés sont susceptibles de disparaître dans un temps plus ou moins long, quels que soient les modes de multiplication (1). Le dépérissement ou la décrépitude de ces variétés obtenues par la sélection artificielle, nous prouve que le renouvellement de la force vitale initiale ne peut avoir lieu que par l'acte générateur qui est une loi commune à tous les êtres organisés, ce qui aide encore à réfuter avec autorité cette théorie du *transformisme* ou de la *sélection naturelle*.

(1) C'est le dépérissement des arbres de verger qui a éveillé l'attention des physiologistes sur l'existence limitée des végétaux multipliés par fragmentation. — *Sur cette question, on consultera avec intérêt le savant mémoire de M. de Boutteville, publié par la Société centrale d'horticulture de la Seine-Inférieure.* 1877.

RÉSUMÉ

LU A LA RÉUNION DES SOCIÉTÉS SAVANTES A LA SORBONNE
(AMPHITHÉATRE DE LA FACULTÉ DES SCIENCES, SÉANCE DU 1er AVRIL 1880)

PAR T.-P. BRISSON, DE LENHARRÉE (MARNE).

« MESSIEURS,

» J'ai l'honneur de déposer sur votre bureau une bro-
» chure intitulée : *Lichens des environs de Château-*
» *Thierry*.

» Nos recherches lichénographiques dans cette partie de
» la Champagne, nous ont permis d'explorer les grès
» disséminés çà et là sur les versants des coteaux qui sont
» pour les études lichénographiques d'une richesse pour
» ainsi dire inépuisable. Nous avons récolté dans ces
» contrées environ 250 espèces de Lichens, en grande
» partie saxicoles, ce sont celles-ci qui font l'objet de notre
» travail.

» Cette flore diffère sensiblement de celle du départe-
» ment de la Marne, c'est une preuve que les Lichens ont
» une préférence pour un substratum déterminé, même
» ceux qui paraissent être indifférents, et si parfois ces
» plantes font défaut au substratum que la nature semble
» leur avoir assigné, ce n'est que par accident. Cette pré-
» dilection des Lichens tient à la nature de l'espèce qui
» réclame un substratum plus ou moins *dur* ou *solide*, et
» non la composition chimique ou minéralogique, comme
» l'ont admis certains lichénologues. C'est ce qui fait que

» certaines espèces végètent indifféremment sur des roches
» soit siliceuses, soit calcaires, pourvu qu'elles y trouvent
» la *dureté* ou *solidité* qui leur convient.

» Cette préférence des Lichens pour tel ou tel substra-
» tum tient donc à la nature de l'espèce, qui se reconnait
» principalement à la durée du développement de la
» plante. Aussi, d'après la composition plus ou moins *dure*
» ou *solide* du *support*, nous semble-t-il possible de rap-
» porter les Lichens saxicoles aux catégories suivantes :
» 1° *Lichens lentus*; 2° *Lichens rapidus*; 3° *Lichens mé-*
» *dians*.

» Pour faire l'énumération de ces plantes, nous avons
» suivi la classification que nous avons adoptée pour les
» Lichens de la Marne, à l'exception de deux tribus ajou-
» tées au détriment de la tribu *Lecanorés*. Nous avons, de
» plus, admis comme types ou espèces nouvelles, un
» certain nombre de ces plantes dites affines, que nous
» n'avions considérées jusqu'alors que comme de simples
» variétés. Ces espèces, qui sont maintenant considérées
» comme des types, par les botanistes les plus autorisés,
» forment une double barrière au transformisme, attendu
» qu'elles nous font voir dans cette magnifique échelle des
» êtres de la création, des gradations qui nous étaient
» inconnues jusqu'alors dans les végétaux.

» Voilà, Messieurs, la communication que les minutes
» qui nous sont comptées ne nous permettent pas de
» prolonger. Etre utile à la lichénographie, faire avancer
» cette belle science, tel a été notre but. »

DEUXIÈME SUPPLÉMENT AUX LICHENS

DU

DÉPARTEMENT DE LA MARNE

PAR T.-P. BRISSON, DE LENHARRÉE (MARNE)

Je conserve pour ce supplément le N° de chaque espèce de Lichens que j'ai mis au fur et à mesure que je les ai recueillis.

295. **Peltigera aphthosa** (*Hoffm.*) — Sur les mousses, dans le chemin creux conduisant des terres à la réserve du bois communal de Vienne-la-Ville. (*Marcilly*).

296. **Lecanora confragosa** (*Ach.*) — Sur les rochers entre Sézanne et Broyes.

297. **Lecanora pyrithroma**. — Sur les roches calcareo-siliceuses à Broyes.

298. **Pertusaria dealabta** (*Nyl.*) — Sur les grès à Broyes.

299. **Urceolaria pyxidata** — Parasite sur les podetions du cladonia pyxidata. — Sur la terre dans les bruyères des pâtis du Mesnil-sur-Oger.

300. **Ramalina pollinaria** (*Ach.*) — Sur les bois de charpente exposés à l'intempérie des temps. Commun sur les planches servant de cloisons aux granges, à Courtisols, etc.

301. **Lecanora varia** *var.* **sarcopsis** (*Ach.*) — Sur la

clématite et les troncs de saules dénudés. Vraux, Lenharrée, etc.

302. **Lecidea fuscorubens** (*Nyl.*) Sur les pierres calcaires au-dessus d'Avize. — Très-rare.

303. **Lecidea humosa** (*Ach.*) — Sur les herbes en décomposition des pâtis du Mesnil-sur-Oger.

304. **Pannaria corallinoïdes**; *Lecothecium corallinoïdes* (*Trev.*) — Sur les vieilles souches de vordes (salix) à Lenharrée, lieudit les crayères Chevalat, dans les garennes de pins.

305. **Collema Henri Paris**; *Collema crispum Ach. var.* Trouvé sur les pierres des murs qui retiennent les terres des vignes dans la cour des caves Jacquesson, le 29 septembre 1879.

306. **Physcia pulverulenta** *var.* **albo-laciniata.** — Sur les écorces au Saran près de Cramant.

Nous avons vu dans l'herbier de M. le comte Léonce de Lambertye plusieurs espèces pourvues chacune d'une étiquette indiquant la station, l'habitat et le jour qu'elles ont été recueillies (1). Parmi ces plantes, que nous avons reconnues à première vue, trois sont à ajouter aux Lichens de la Marne, ce sont :

307. **Parmelia omphalodes** (*Fr.*)

308. **Umbilicaria pustulata** (*Hoffm.*)

309. **Umbilicaria polyphylla** (*L.*) — Ces trois plantes végètent sur les grès au Mont-Bannier (environs de Fismes).

Quant aux autres espèces ce sont les :

Parmelia tiliacea *Ach.*; (*Brisson, Lich. de la Marne*, N° 63). — Bouzy.

(1) Les étiquettes des nos 307, 308 et 309 ne portaient pas le nom du village où ces plantes ont été récoltées; mais sur la chemise qui les contenait, M. de Lambertye avait écrit : *Plantes des environs de Fismes*. Cependant ce n'est que sous toutes réserves que nous signalons ces trois Lichens.

Borrera chrysopthalma *Ach.*; (*Br. Lich. de la Marne*, N° 67). — Prouilly.

Squamaria crassa *Ach.*; (*Br. Lich. de la Marne*, N° 85). — Vaudeuil.

Lecanora parella *L.*; (*Br. Lich. de la Marne*, N° 120). — Bouzy.

Lecanora contorta *Flk.*; (*Br. Lich. de la Marne*, N° 127). — Bouzy.

Lecidea decipiens *Ach.*; (*Br. Lich. de la Marne*, N° 193). — Châlons-sur-Vesle.

LE TABLEAU DE L'UNIVERS

OU

L'HARMONIE QUI EXISTE DANS LA NATURE

ENTRE LES GRADATIONS DES VÉGÉTAUX ET CELLES DES ANIMAUX.

(Cette harmonie suffit pour nous démontrer que tous les êtres organisés sont l'œuvre du Tout-Puissant, car toute harmonie suppose une intelligence organisatrice).

T.-P. BRISSON.

VÉGÉTAUX

ACOTYLÉDONES.					MONOCOTYLÉDONES.	DICOTYLÉDONES.			
1. Reproduction variée.	2. Agames.	3. Phycogames.	4. Bryanthogames	5. Prothallogames	6. Endogènes.	7. Exogènes.			
Champ......	Alg..........	Lich.........	Musc.........	Filic.........	Gramif..........	Monochlamydées	Corolliflores.	Caliciflores.	Thalamiflores.
Fungus......	....	....	....	....	....	....	....	....	....
Spongiæ......	....	....	....	....		....	....	....	....
....	....	....	....	....	....	Poissons.	Reptiles.	Oiseaux.	Mammifères.
1. Cœlentérés.	2. Protozoaires.	3. Vermes.	4. Mollusques.	5. Echinodermes.	6. Arthropodes.	7. Ossifères.			
NON ARTICULÉS OU VERTÉBRÉS.					ARTICULÉS.	VERTÉBRÉS.			

ANIMAUX.

DU MÊME AUTEUR

1° Lichens du département de la Marne, 1875.

2° Premier supplément, 1876.

3° Deuxième supplément, 1879.

1° Examen critique de la théorie algolichénique de Schwendener, 1877.

2° Supplément et Tableau de l'univers ou l'Harmonie qui existe dans la nature entre les gradations des végétaux et celles des animaux.

L'Arbre généalogique de l'Univers.

Etude sur les analogies physiologiques de la nature, — Cryptogames cellulaires comparés à une nation, 1879.

Châlons-sur-Marne, imp. F. Thouille.

www.ingramcontent.com/pod-product-compliance
Lightning Source LLC
LaVergne TN
LVHW050455160826
845677LV00003B/798

* 9 7 8 2 3 2 9 6 6 4 0 6 4 *